图 解 家 装 细 部 设 计 系 列
Diagram to domestic outfit detail design

电视墙＆多功能厅666例
TV wall & Leisure hall

主 编：董 君 / 副主编：贾 刚 王 琰 卢海华

中国林业出版社

SPACE

目录 / Contents

TV WALL
电视墙

对称\简约\朴素\大气\庄重\雅致\恢弘\壮丽\华贵\高大\对比\清雅\含
蓄\端庄\对称\简约\朴素\大气\对称\简约\朴素\大气\庄重\雅致\恢
弘\壮丽\华贵\高大\对比\清雅\含蓄\端庄\对称\简约\朴素\大气\端
庄对称\简约\朴素\大气\庄重\雅致\恢弘\壮丽\华贵\高大\对比\清雅\含
蓄\端庄\对称\简约\朴素\大气\对称\简约\朴素\大气\庄重\雅致\恢
弘\壮丽\华贵\高大\对比\清雅\含蓄\端庄\对称\简约\朴素\大气\对
称\简约\朴素\大气\庄重\雅致\恢弘\壮丽\华贵\高大\对比\清雅\含
蓄\端庄\对称\简约\朴素\大气\对称\简约\朴素\大气\庄重\雅致\恢
弘\壮丽\华贵\高大\对比\清雅\含蓄\端庄\对称\简约\朴素\大气\端
庄对称\简约\朴素\大气\庄重\雅致\恢弘\壮丽\华贵\高大\对比\清
雅\含蓄\端庄\对称\简约\朴素\大气\对称\简约\朴素\大气\庄重\雅
致\恢弘\壮丽\华贵\高大\对比\清雅\含蓄\端庄\对称\简约\朴素\大
气\对称\简约\朴素\大气\庄重\雅致\恢弘\壮丽\华贵\高大\对比\清
雅\含蓄\端庄\对称\简约\朴素\大气\对称\简约\朴素\大气\庄重\雅
致\恢弘\壮丽\华贵\高大\对比\清雅\含蓄\端庄\对称\简约\朴素\大
气\端庄对称\简约\朴素\大气\庄重\雅致\恢弘\壮丽\华贵\高大\对
比\清雅\含蓄\端庄\对称\简约\朴素\大气\对称\简约\朴素\大气\庄
重\雅致\恢弘\壮丽\华贵\高大\对比\清雅\含蓄\端庄\对称\简约\朴
素\大气\对称\简约\朴素\大气\庄重\雅致\恢弘\壮丽\华贵\高大\对
比\清雅\含蓄\端庄\对称\简约\朴素\大气\对称\简约\朴素\大气\庄
重\雅致\恢弘\壮丽\华贵\高大\对比\清雅\含蓄\端庄\对称\简约\朴
素\大气\端庄对称\简约\朴素\大气\庄重\雅致\恢弘\壮丽\华贵\高
大\对比\清雅\含蓄\端庄\对称\简约\朴素\大气\对称\简约\朴素\大
气\庄重\雅致\恢弘\壮丽\华贵\高大\对比\清雅\含蓄\端庄\对称\简
约\朴素\大气\恢弘\壮丽\华贵\高大\对比\清雅\含蓄\端庄\对称\约
\朴素\大气\恢弘\壮丽\华贵\高大\对比\清雅\含蓄\端庄\对称\庄重\

TV WALL 电视墙

客厅电视墙设计要点。

（1）看材质：首先我们看一下电视墙常用的材质。材质的运用在电视背景墙中是很灵活的，一般主要有玻璃、石材、木材、壁纸、墙漆、石膏板、瓷砖、装饰搁架等等。

（2）看位置：电视墙的合理面积主要存在于一些客厅和餐厅想连接的户型，或者需要在客厅空间中单独设计电视墙造型的户型。在设计中要注意电视墙面积和整个客厅空间的比例协调，可以考虑从客厅的不同角度来观察比例是否合适，同时注意电视墙区域的摆设饰品要同客厅其他区域的饰品风格、饰品密度相一致，不能过于显得臃肿。

（3）看色彩：电视墙的色彩在设计中是尤为关键的。首先要从居住者的角度考虑，比如职业、性格、受教育的程度或者自身对颜色的喜好等，同时要根据设计风格的区别合理运用色彩来体现居住着的生活观念和生活情趣。比如，黑白灰，无彩色系通常表达安静、严谨的气氛，同时也表达出简洁、明快、现代、高科技等风格；浅黄色、浅棕色等明亮度高色色彩，能够传达出清新自然的气息；艳丽丰富的色彩，则可以把好爽热情的性格表现的淋漓尽致。

（4）看造型：电视墙的造型装饰并不多，常见的有对称式、非对称式、复杂构成和简洁造型等。在普通家庭装修的设计中，对称式、非对称式和简洁造型是使用比较多的。而在一些别墅设计中，因为层高的不同，往往电视墙采用复杂构成的方式设计。

肆意铺散的黑色纹理缓解了有些晃眼的亮白色。

白色边框将双层电视墙区分的更鲜明。

分列两侧的对称国画加深了文化渲染的功力。

有上下原木结构搭配的白墙是最自然的电视墙。

有置物架功能的电视墙能够缓解视觉疲劳。

分离的电视墙搭配暗光源打造柔和惬意的休闲时光。

白色竖条纹将电视墙与电视区分开又充满现代感。

大空间用延伸的电视墙时尚又商务。

装饰木电视墙给人温暖自然的舒适感。

白色分区电视墙简单又不失优雅。

正好嵌入墙壁的设计形成了和谐的一体感。

四面突出的电视墙给人一种电视被拉远的错觉。

水泥风格的电视墙起到视觉降温的效果。

手臂似得设计弱化了电视总是中心的呆板印象。

两边开放的电视墙给人更通透舒畅的电视时间。

依次错开的竖线使白色电视墙不再单一。

木质电视墙天然又护眼。

幕布是装饰更是另一种观看体验。

卧室里的电视以嵌入墙壁的方式来避免过近的观看距离。

木质边框中和了电视墙过冷的气质。

黑边大黄圆成为了房间的一大亮点。

装在盒子里的电视将房内各处均变为背后的美景。

鲜艳的图画自两侧装点了平淡的电视墙。

超大电视也只有电视柜能装下了。

电视上摆置的两瓶植物好似充满生气的天线。

两侧的音箱使电视墙内的小区域更显专业高档。

好似大窗户一样的电视墙凸显生活趣味。

对称中式木柜打造古风古韵的电视背景墙。

一双双小翅膀给古典中式格栅电视墙增添灵动的美。

电视墙上立体的艺术装饰颇有雅致。

不同材质搭配出潮流感十足的电视墙。

灰色的文化砖电视墙突出拙朴自然的气质。

两大金属柱收敛了自然凸显了时尚。

两条黑色木柱紧贴电视边缘而立展现“无墙似有墙”的画面。

凸凹的四边形使电视墙上有了光影的变幻。

开放的电视墙使视线更加开阔。

电视墙与电视柜融合体现多功能的生活便利。

立体木制电视墙天然而有层次。

以边框轮廓与方形凹槽组合成温馨的“回”字。

规则的分区给自然风的电视墙带入些现代感。

中式格栅搭配大木板既自然透风又有传统韵味。

以较小的砖块拼出区别与地板的电视墙。

一根根 PV 管排列出疏密有别的时尚美感。

文化砖铺出充满怀旧气息的电视墙。

浅灰色电视墙构建视觉缓冲带。

欧式风格的电视墙简约而不失高贵。

外墙电视墙给人好似身处屋外的开阔感觉。

开放的电视墙有借后景入前景的妙处。

自然木色间一道深灰更显酷冷气质。

树皮纹理状电视墙带来了令人舒畅的森林空气。

黑色小台子使整面电视墙多了些稳重。

原木整齐对称的纹理与电视墙整体对称结构交相呼应。

金属镶边使明亮的大理石电视墙更有时尚感。

电视墙上似被风吹动的竹叶有种动态的中式雅兴。

灰色纹路电视墙与房间格调统一。

中式窗格电视墙以黄色淡化过稳的气质。

特别定制的电视墙设计感十足。

打通电视墙上层一带为纯白背景添置新景。

随意分布的光带时尚而不抢镜。

原木色电视墙与房内其他原木元素共搭一景。

乳白色分区电视墙舒适而现代。

楼梯转角的简易电视墙给了看电视一个独特的位置。

大型电视墙似天然揉捏的艺术品。

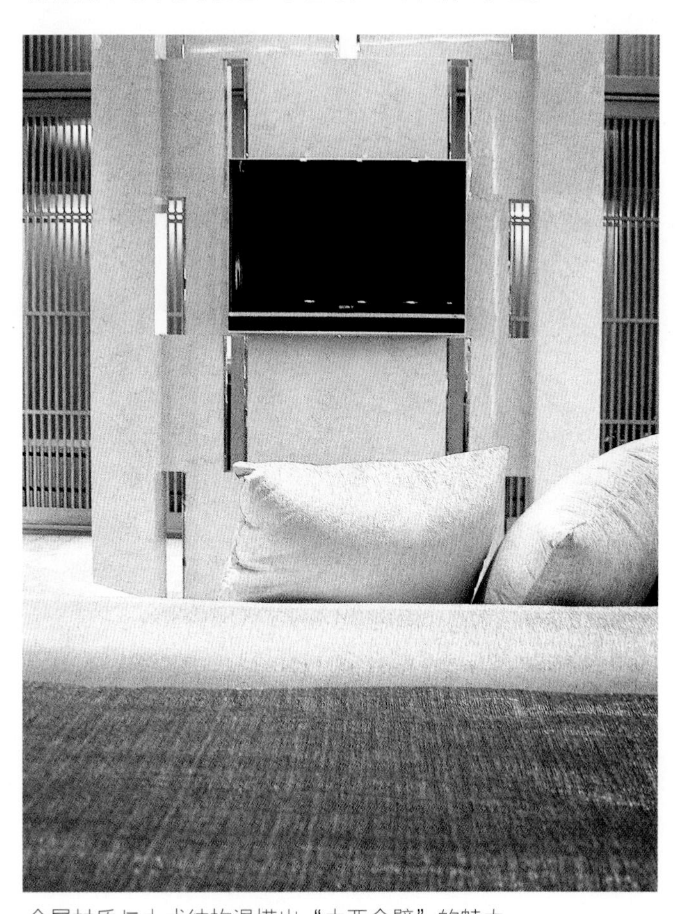

金属材质与中式结构混搭出“中西合璧”的魅力。

整幅国画电视墙营造风雅传统的休闲环境。

灰色砖面电视墙有点冷酷和粗犷。

边框内一圈灯光使白色拼接电视墙多了一份浪漫与温馨。

大理石的电视墙给人以贵气和时尚。

电视墙上立体装饰的颜色与形状与电视柜高低呼应。

每片木板的对角纹路拼出菱形图案。

糙面处理使墙面更具手工质感。

一样的中式风韵使相连的墙体与玻璃组合巧妙而和谐。

细密的网络使电视墙好似一幅刺绣艺术品。

缓色组合电视墙壁纸打造自然的起伏感。

精雕细琢的中式格栅电视墙展现浓浓的中国风。

金属简欧边框描画出简约中的时尚丽影。

大理石的加入将中式电视墙打造的更华丽。

木质电视墙上密集的黑色斑点以增添现代感来避免风格跳跃。

另外打造的中式木栏栅使电视墙也立体通透起来。

简单的原木色电视墙令人感到柔和而自然。

垂直错位的大理石砖给人立体墙面的错觉。

大理石的浅色与木质的深色形成对比美。

中式木栏栅使电视墙也立体通透起来。

弧线形的电视墙营造出浓浓的地中海风格。

欧式石膏花线打造的电视背景墙低调而奢华。

软包的电视背景墙让空间更加奢华。

L 形木质凹槽为电视墙增添水平与垂直方向的收纳空间。

淡淡的粉色与白色欧式电视柜组合出甜美文静的气质。

两侧的罗马柱为纯白电视墙增添欧式古典韵味。

鹿角摆件使简欧特色电视墙又多了些自然野性。

大理石背景的电视墙庄重而大气。

欧式线条石膏墙搭配素花色壁纸确是在经典中多了淡雅。

壁炉式设计展现另类的欧式风情。

不规则的大理石立体边框圈出电视的突出地位。

原木色边框搭配白墙如此简单又柔和自然。

如此电视墙让人扶着也闻到书香。

电视机墙采用软包内嵌式，充分节省空间。

自然主题的壁纸虽然纷乱却不扰人视线。

浅处理的木板电视墙给人天然透气的感觉。

金属条交错分布有种规整的时代美。

两种色泽的大理石组合为华丽高贵的电视墙。

电视墙连续的弧形凹槽塑造出整体艺术感。

电视墙隐藏在通透的背景墙之后，可以推拉即可打开。

拐角的抽象彩油画为白色电视墙增添愉悦色彩。

白色大理石纹路有种发散的艺术美。

一株盆栽为现代化电视墙带来绿色生机。

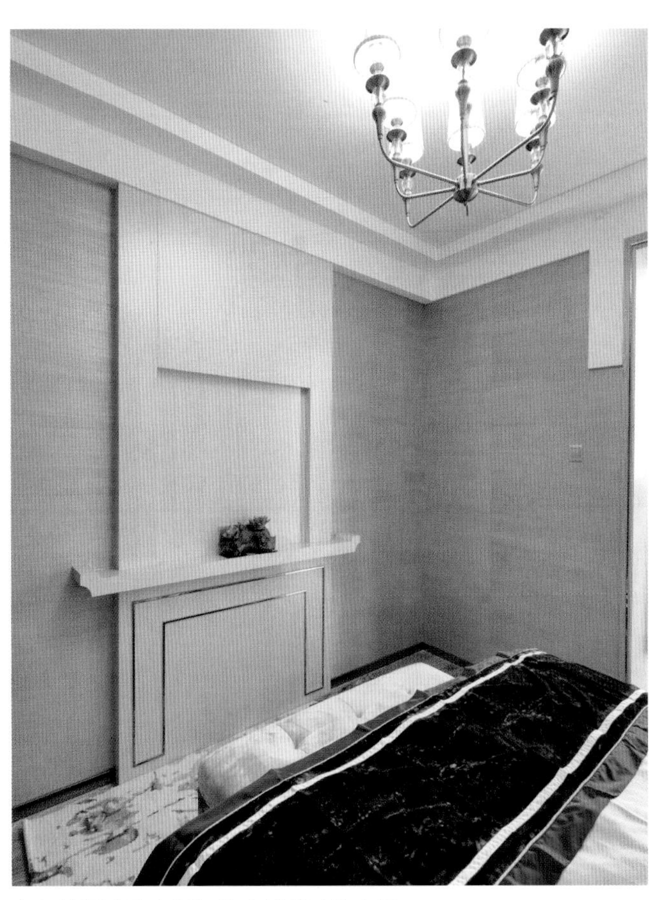
突出的设计为电视打造自然雅致的小屋。

深色木材垛堞出沉稳自然的大树气息。

立体的木质结构电视墙混搭出自然、欧式、现代的格调。

黄色外圈似给中心的素花带去温暖阳光。

黑色电视墙与电视屏幕浑然一体酷炫十足。

放置电视与电视柜的空隙使电视墙平面感突出。

欧式花样壁纸在灯光下更显精致华丽。

大型树木盆栽衬活了电视墙上充满画面感的轮廓。

精雕的边框将电视区域也变为时尚挂画。

电视墙彰显了欧式繁复精致的美感。

电视墙下方的空隙打破了整面背景给人的单板印象。

好似涂鸦过的木质独立墙面集时尚与朴素于一身。

高大的墙面让关注电视的视线不再受限。

在过渡区放置电视橱的分区方式高效而独特。

大型的百叶窗也可做天然的电视墙。

绒质浅灰周色使电视墙也多了舒适柔软的感觉。

两边起头并进的音响既有装饰效果又提高了电视音质。

高大的木栏栅将大自然温暖拙朴的气息充满整个室内。

温暖的黄色搭配自然的木色让人身心放松。

壁炉式电视墙给艺术品也预留了展示空间。

繁华盛开的玻璃电视墙雅致也时尚。

贴合的设计使电视也变成了墙面不可或缺的一部分。

粗犷的深色图样表达个性的同时也不会让人晕眩。

红木色暗纹电视墙有种传统的高贵感。

精致的形状与材质搭配显示出不凡的生活品味。

灰色皮制纹理电视墙既商务又轻奢。

深色的欧式电视墙为华丽的软装增添重量感。

简单设计加浅浅木色却给人好似展示大手机的有趣既视感。

光影下百叶窗似得电视墙有一种海边惬意清新的感觉。

欧式电视墙体展示出统一而规整的美感。

相连的弧面将光影也变为一段段。

气势恢宏的纹路使电视墙像一副大型挂画。

银灰色软包电视墙传递出奢华靓丽的生活品质。

深蓝色欧式电视墙隐隐透出深邃迷人的气质。

在墙面壁纸上添加白色石膏边框即可打造一处“电视墙”。

电视墙上端的中式镂空花样散发着浓浓的文化韵味。

艳丽的自然风景画为素色房间增添靓点。

横向灯带将中式结构电视墙丰满的底蕴映照出来。

白色大理石墙面衬托纯白的电视背景也与众不同。

充满想象力的灰色花纹壁纸体现出精致的现代感。

木质分区墙面亦是一款自然简单的电视墙。

玻璃的晶莹给电视墙注入都市潮流风尚。

墨绿色欧式花纹壁纸打造平整雅致的电视墙。

由纱幔与相框填充的角落也是电视背后不用刻意打造的风景。

设计与色调呼应而成一面自然童趣的电视墙。

旧处理后的墙面透出古时卷轴的香气。

于不宽的墙面内构造优雅的欧式壁橱样电视墙。

嵌在电视墙下端凹槽中的镜面延伸了视觉空间。

大理石材质使时尚的白点黑色更具高档感。

乡间小屋式的电视墙凸显了超凡的想象力。

露出的翠绿色壁纸使原木电视墙更加清爽自然。

电视墙独特的纹理彰显抽象艺术魅力。

亮黑色竖条为电视墙增添神秘沉静的气息。

欧式田园风背景墙搭配立式电视展现了主人自然随性的生活爱好。

漆黑的木质感给酷酷的气质中添入自然。

翠绿的墙壁清新又护眼。

清新素雅的电视墙大气而稳重。

黑色的缝隙透出率直利落的个性。

多彩的挂画为墙面增添丰富的艺术元素。

一整副自然风景挂画以美景缓解疲劳的视觉。

电视墙中唯一的一块图案为简单的铺设添了亮点。

红色文化砖传递古老文化底蕴。

金属牛头装饰为沉稳时尚的电视墙注入野性。

以简单的白墙背景成全轻松简约的整体氛围。

欧式古典木门设计使电视墙充满自然优雅的画面感。

凸显的缝隙为电视墙增添起伏感。

斑马纹电视墙体现高端潮流感。

从木结构中露出的亮黑部分与电视屏幕和谐呼应。

两盏温暖的小灯不致电视墙在自然光阴影中黯然失色。

碎花背景展示出素雅的田园风范。

地中海风情设计使电视墙也有了丰富的空间层次。

一个圆形挂表填充了多余的空白。

长木条拼接电视墙大气沉稳又自然温暖。

两种材质穿插给人丰富的视觉享受。

绘制在木质电视墙一侧的白色大树将自然具象化。

打造电视墙石膏边框以将精致作到每一处。

粉色与白色的小瓷片拼出丰富而不跳脱的电视墙。

整齐的竖条纹给人舒适简约的感受。

电视下方的火苗图案为洁白的电视墙升温。

深浅不一的原木条更显纯粹自然的质感。

深黄色背景墙释放出温暖明媚的光线。

一块块缓色小方格似闪耀的钻石让人挪不开眼。

浅黄色电视墙让视觉舒适放松。

华丽的纹路使电视墙不逊色于其他软装。

灰色石制电视墙左右延展颇具粗旷气质。

不规则的墙面突显了别致的艺术想象力。

黑白条搭出现代感十足的电视墙。

随意粉刷的颜料使电视墙内也爆发出即兴的创造力。

湛蓝的灯光效果给人穿越未来的既视感。

雪花信号电视墙带入磨砂质感。

黑色电视墙不占满墙面空间以使电视处于中间位置。

时尚的白色梯形电视墙给人明快的感觉。

竖长的分区平衡了宽扁的电视。

反光金属材质营造车水马龙的都市繁华影像。

电视墙巧妙的颜色、光线、剪影搭配营造明媚的都市清晨缩影。

L 形的黄色条带是电视墙柔美温馨的轮廓。

上下结构呼应打造艺术与书籍的展示长廊。

不规整的文化石电视墙同时体现了自然的拙朴与艺术的创造。

白色长木条铺出层次感与动感兼有的电视墙。

繁复的灰色花样为电视墙增添庄重沉稳的气质。

大理石电视墙明显的横条纹理使人心平气和。

多彩砖块无序地拼接象征丰富缤纷的都市生活。

具有流线感的纯白与方正的纯黑搭配出简约抽象的现代感。

顶内的灯光将文化砖上特制的起伏映照地更加生动。

液晶屏一样的电视墙将电视巧妙地隐藏了起来。

电视与音响的“一面墙”式收纳给人干脆利索的感觉。

纯净的电视背景墙实现了低成本的效果。

银色大花纹将精致的艺术放大至电视墙上。

置物格电视墙为不时想要小改变的愿望提供便利。

夸张的3D图像利用视觉错觉为生活增添趣味。

电视墙浮起的迂回纹路传递出和谐融洽的文化内涵。

大小不一的圆坑打造梦幻泡泡电视墙。

定制的电视柜与乳白色的背景墙相互呼应。

一面现代艺术风格的墙壁与立式电视相互辉映。

斑马纹电视墙与对面的抽象挂画碰撞出时尚与艺术的火花。

一面书架电视墙使有限的空间发挥了最大的收纳功能。

室内全黑色的软装反射在电视墙的镜面里。

一排茂密的小草为简约清爽的电视墙增添生机。

木质电视墙打蜡后呈现出不一样的自然光泽。

三幅怀旧挂画为简单的墙面注入复古气息。

间距不等的木条给人轻松随性的感觉。

人造石电视墙光滑的质感使休闲时间多了些许清凉。

一条条斜入顶角的黑色纹理展现出舞动的时尚。

两块对称的大理石相接打造雪山高冷范。

灰色非对称结构电视墙体现主人特立独行的个性。

白色石膏背景墙与咖啡色的壁纸相互呼应。

深浅不一及纹理不同的木条拼接出自然的多样性。

墙面优美的弧形凹槽使天然与人工两种艺术完美融合。

厚重的灰黑色边框将木质电视墙的自然气息收敛浓缩。

电视墙与衣柜的融合为卧室留出了更多的舒展空间。

磨砂质地的立体墙面可以更久保持原貌。

金属网格墙面体现了主人对信息时代的热爱。

以电视墙上满满的银杏叶片呼应沙发上艳丽的花朵。

用经典又时尚的黑白条纹打造流行的电视墙。

“砖墙”与“毛坯墙”混搭出时光穿梭的效果。

电视周围的小设备装饰了电视墙三面的留白。

大理石墙面与台面体现出专一的高品位。

与电视并列的小型电视柜提高了取物的便捷性。

电视墙上开启的小窗增添生活情趣也更透气。

电视墙前摆置的白色花朵营造出芬芳自然的氛围。

充满立体感的规整设计赋予白色墙壁不事张扬的性格。

浅色大理石背景墙与整体环境融为一体。

如此独立个性的电视墙使在通畅的空间看电视变为可能。

柔和的光线自独特的设计结构中照射出来。

支起的石膏墙面廓出了木质电视墙小空间。

几条白色木板即可拼出最自然简约的电视墙。

流畅连贯的柜桌一体化设计冲淡了白色墙面的单调。

电视墙上的亮片区域带入 blingbling 的时尚元素。

LEISURE HALL
多功能厅

创造\实用\空间\简洁\前卫\装饰\艺术\混合\叠加\错位\裂变\解构\新
潮\低调\构造\工艺\功能\创造\实用\空间\简洁\前卫\装饰\艺术\混
合\叠加\错位\裂变\解构\新潮\低调\构造\工艺\功能\简洁\前卫\装
饰\艺术\混合\叠加\错位\裂变\解构\新潮\低调\构造\工艺\功能\创
造\实用\空间\简洁\前卫\装饰\艺术\混合\叠加\错位\裂变\解构\新
潮\低调\构造\工艺\功能\创造\实用\空间\简洁\前卫\装饰\艺术\混
合\叠加\错位\裂变\解构\新潮\低调\构造\工艺\功能\创造\实用\空
间\简洁\前卫\装饰\艺术\混合\叠加\错位\裂变\解构\新潮\低调\构
造\工艺\功能\简洁\前卫\装饰\艺术\混合\叠加\错位\裂变\解构\新
潮\低调\构造\工艺\功能\创造\实用\空间\简洁\前卫\装饰\艺术\混
合\叠加\错位\裂变\解构\新潮\低调\构造\工艺\功能\创造\实用\空
间\简洁\前卫\装饰\艺术\混合\叠加\错位\裂变\解构\新潮\低调\构
造\工艺\功能\创造\实用\空间\简洁\前卫\装饰\艺术\混合\叠加\错
位\裂变\解构\新潮\低调\构造\工艺\功能\简洁\前卫\装饰\艺术\混
合\叠加\错位\裂变\解构\新潮\低调\构造\工艺\功能\创造\实用\空
间\简洁\前卫\装饰\艺术\混合\叠加\错位\裂变\解构\新潮\低调\构
造\工艺\功能\创造\实用\空间\简洁\前卫\装饰\艺术\混合\叠加\错
位\裂变\解构\新潮\低调\构造\工艺\功能\创造\实用\空间\简洁\前
卫\装饰\艺术\混合\叠加\错位\裂变\解构\新潮\低调\构造\工艺\功
能\简洁\前卫\装饰\艺术\混合\叠加\错位\裂变\解构\新潮\低调\构
造\工艺\功能\创造\实用\空间\简洁\前卫\装饰\艺术\混合\叠加\错
位\裂变\解构\新潮\低调\构造\工艺\功能\创造\实用\空间\简洁\前
卫\装饰\艺术\混合\叠加\错位\裂变\解构\新潮\低调\构造\工艺\功
能\创造\实用\空间\简洁\前卫\装饰\艺术\混合\叠加\错位\裂变\解
构\新潮\低调\构造\工艺\功能\简洁\前卫\装饰\艺术\混合\叠加\错
位\裂变\解构\新潮\低调\构造\工艺\功能\创造\实用\空间\简洁\前卫\

LEISURE HALL 多功能厅

家庭多功能厅包括：影视厅、瑜伽房、儿童活动空间、茶室、琴房、台球室、迷你小酒吧等。设计重点：关键就是要在装饰设计上抓好以下要素，即：空间、色彩、光线、装饰、风格。

空间功能分清：在设计上，空间的利用要合理。即居室空间的合理分节和居室空间的扩展补充。室内空间的分布按生活习惯一般分为休息区、活动区、生活区三大部分。休息区是睡眠和休息的区域，应相对安静隐蔽、空气畅通；活动区包括学习、工作、待客、娱乐的区域，要求相对宽敞、整洁美观；生活区是就餐、清洗等区域，房间要求通风、安全、清洁。

装修整体格局：要紧凑、虚实相宜，各区之间要融洽和谐，室内家具的造型要既实用又能起装饰作用。装饰设计得好，空间利用会很充分又不显得拥挤。各个空间的装饰设计，必须符合其特定的使用功能。比如酒吧的装饰设计，在没有贮藏室的情况下，空间利用得好，可以做到一切杂物均在柜内，使人感到干净、整洁。

以蓝色、白色与木色搭配组合出自然清新的广阔空间。

星空穹顶将宇宙的广袤接入圆形多功能厅。

蓝色为主色调的空间给人安详平静的感觉。

在大落地窗品茶使得心境与美景相融。

圆形的卡通地毯充满了快乐的童真。

自然的木色与慵懒的灰色整合出舒适简约的现代空间。

低矮的桌椅让人联想到悠闲懒散的用餐时光。

多种线条的运用使房间充满活泼与乐趣。

整齐排列组合的挂画是墙面最简单雅致的装饰。

房顶盛开的荷花有一种“出于泥而不染”的美丽意境。

几点素花元素的加入将空间的简单升级为淡雅。

鸟笼状木质顶灯带入大自然的鸟语花香。

无腿凳与矮桌以小见大凸显宽敞的可坐可站空间。

榻榻米似得桌椅体现了日式的传统与时尚。

海洋地图壁纸将清爽的海风与无畏的冒险精神融入简欧风。

皮制座椅与茶几为个性的空间增添高档质感。

丝绒沙发与精搭靠枕给人华贵而舒适的生活体验。

酒红色绒缎新月与亮黑新月错落出妖冶浪漫的时尚气质。

柜门上凌而不乱的反光片述说一种打破规整的个性。

三个弧形沙发组合成了一个和谐开放的大圆。

经典的白色与原木色搭配营造出自然优雅的钢琴间。

植物壁纸与蝴蝶地毯相呼应打造芬芳的室内音乐花园。

简约现代的小摇椅使阅读时光更有趣。

两只大罩灯专注地照亮了台球桌面。

橘红色的墙壁为室内增添靓丽活泼的氛围。

深黑色遮帘衬白色大幕布颇有电影院的感觉。

大红色的桌台使娱乐空间更多彩。

中式家居的仿旧处理更显古时风韵。

蜂窝状书架传达出标新立异的生活态度。

绿色的沙发和挂画为简单的空间带来勃勃生机。

一道红色的加入为浅浅的空间注入热情。

小茶几与懒人沙发将闲置空间装扮为休闲场所。

黑色时尚条纹让自然的木色也潮了起来。

红色皮质沙发提供舒适奢华的观影体验。

小桌子小椅子使空间充满纯真的童趣。

简单的白框玻璃门打造干净明亮的封闭式书柜。

低调的竖纹壁纸却有一种舒适的高档感。

一整排简欧木质柜自然沉稳又古典优雅。

木质地板为现代舒适的空间增添自然感。

温暖的黄色光线映照出温馨无比的空间。

粗旷简朴与精致现代混搭出令人向往的田园生活。

工业风电视墙为温暖自然的房间添加冷清气质。

圆形沙发床同时满足了坐卧的舒适要求。

3D 画营造空间延伸的视觉效果。

一棵装饰树带人满满冬日冷冽的气息。

绒质面料为灰色空间升温加暖。

一张纯黑的椅子与白色书房形成经典黑白配。

木质的桌椅很好地融入了自然环境。

因凸出的顶而加长的垂直空间使欧式软装更加奢华大气。

植物吊灯与简约桌椅都诠释着空间的独一无二。

贴墙沙发留出了宽敞的中心区。

黄色元素的运用活泼而明亮。

装饰草皮叶片营造出更真实的野战氛围。

圆形空间更有利于音乐的回荡。

独立的皮制沙发使每个人都有专属的高档体验。

一只北极熊玩偶为现代风台球室加入自然的乐趣。

一张大兽皮似得地毯将不羁的野性挥发出来。

黑蓝白三色方块随意拼接出时尚简单的背景墙。

深红色的电视墙张扬而古典。

清新的蓝色壁纸缓解了暗空间的憋闷。

多彩的沙发营造活泼可爱的客厅氛围。

皮沙发与毛地毯使奢华舒适融入自然的木空间。

浮雕电视墙有着浓浓的艺术气息。

几何体组合与黑白配色打造空灵的未来感。

绒面方块拼接墙给人柔软舒适的现代感。

红色的长毯铺出了庄重虔诚的信仰之路。

墙上接线似得小灯为台球室带来有趣的艺术。

在矮空间放置懒人沙发垫减少了局促感。

蓝色耀眼光源与灰色调空间搭配出穿越未来的既视感。

五彩线条与形状挂画营造出轻松愉悦的观影氛围。

游戏人物挂画突出了房间主题。

彩色圆点地垫透出活泼而可爱的童真。

放置于古典欧式空间中的乒乓球台充满跳跃感。

简单的国画背景墙有种放空的宁静感。

灯光的安置避免了电视区过分昏暗。

金属凸点电视墙展现非主流的时尚感。

深紫色空间的神秘与高雅不言而喻。

两侧斜线条廓出自然美妙的远景画面。

异域风情的软装给人满满的文化体验感。

玻璃顶上垂下的植物枝蔓在阳光照射下绿意盎然。